Dr. Hina Chokshi
Dr. Priya Swaminarayan
Dr. Ronak Panchal

Pesquisa semântica de emprego: Conceção e Desenvolvimento de uma Ontologia Optimizada

Dr. Hina Chokshi
Dr. Priya Swaminarayan
Dr. Ronak Panchal

Pesquisa semântica de emprego: Conceção e Desenvolvimento de uma Ontologia Optimizada

ScienciaScripts

Imprint

Any brand names and product names mentioned in this book are subject to trademark, brand or patent protection and are trademarks or registered trademarks of their respective holders. The use of brand names, product names, common names, trade names, product descriptions etc. even without a particular marking in this work is in no way to be construed to mean that such names may be regarded as unrestricted in respect of trademark and brand protection legislation and could thus be used by anyone.

Cover image: www.ingimage.com

This book is a translation from the original published under ISBN 978-620-7-47317-5.

Publisher:
Sciencia Scripts
is a trademark of
Dodo Books Indian Ocean Ltd. and OmniScriptum S.R.L publishing group

120 High Road, East Finchley, London, N2 9ED, United Kingdom
Str. Armeneasca 28/1, office 1, Chisinau MD-2012, Republic of Moldova, Europe
Printed at: see last page
ISBN: 978-620-7-99057-3

Conteúdo

Resumo

A pesquisa semântica tornou-se o conceito de pesquisa de nível seguinte para promover a pesquisa na Web. A pesquisa semântica baseada na Web promove a pesquisa baseada na semântica (significado) e fornece uma correspondência exacta. Na investigação proposta, é desenvolvida uma ontologia de procura de emprego para uma procura de emprego eficaz no domínio das TI. O editor Protégé é utilizado para o desenvolvimento da ontologia e toda a visualização hierárquica é preparada utilizando o Plugin GraphViz que suporta o Protégé. São criadas várias classes de empregados e de empresas fornecedoras de emprego e são efectuadas consultas SPARQL para obter os resultados dessas consultas. Neste caso, combinam-se várias ontologias (domínio) e executa-se uma consulta SPARQL idêntica para obter o melhor resultado de pesquisa. É criada uma interface PHP para aceitar os dados de entrada do ficheiro OWL e executar a mesma consulta para obter os resultados necessários para estabelecer a correspondência entre os candidatos a emprego e os fornecedores de emprego utilizando o servidor Apache Jena Fuseki para expor os triplos como pontos finais SPARQL acessíveis por HTTP.

Capítulo 1

Introdução à Ontologia

1.1Ontologia "Uma ontologia é uma especificação formal de concetualização partilhada". (Thomar R Gruber,1993). A ontologia incorpora uma linguagem comum com símbolos e expressões que transmitem um significado específico. Os grupos de classes e símbolos são criados com base na semântica. Segundo Fensel2 (2001,p.VI), uma ontologia é "uma descrição aceite e mediada pela comunidade dos tipos de entidades que se encontram num determinado domínio de discurso e da forma como estão relacionadas". Stuckenschmidt e Harmelen (2005, p. IX) descrevem a questão a ser resolvida pelas ontologias como "partilha de informação"[1].

1.2 Importância da Ontologia

☐ Todas as pessoas ou agentes de software devem ter um conhecimento completo da estrutura da informação e o conhecimento do domínio deve ser analisado corretamente.

☐ Deve ser assegurada a reutilização do conhecimento do domínio

☐ Os pressupostos do domínio devem ser explicitados.

☐ O conhecimento operacional e o conhecimento do domínio devem ser separados.

1.3 Quadro Ontológico

Como não existe um quadro ontológico padrão, propus uma solução arquitetónica (quadro ontológico) para o desenvolvimento da ontologia de procura de emprego, que consiste num processo iterativo composto pelas seguintes etapas:

A. Determinar o âmbito da Ontologia.

B. Definir conceitos (classes) a modelar na ontologia e a relação entre eles. C. Reutilizar conceitos que estejam disponíveis em ontologias semelhantes já existentes, caso existam.

D. Organizar os conceitos numa hierarquia (hierarquia subclasse-superclasse).

E. Determinar atributos e propriedades (slots) para cada classe e restrições aos seus valores. F. Definir a instância e preencher os valores dos slots para cada classe.

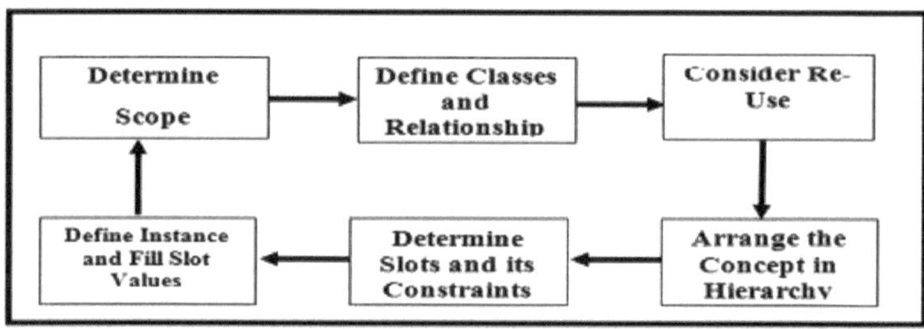

Figura 1.1 Quadro Ontológico

Capítulo 2

Web sintáctica e semântica

5

2.1 Web sintáctica

Uma teia sintáctica é um lugar onde os computadores fazem a apresentação fácil e as pessoas fazem a ligação e a interpretação, o que é de facto um trabalho difícil. [Hendler & Miller 02] [2]. As seguintes dificuldades foram detectadas na Web Sintáctica ...

□ Encontrar e rastrear informações em repositórios de dados

□ Tratamento de vários pedidos de informação relacionados com viagens

□ Preços de vários bens e serviços

□ Tratamento de questões complicadas que necessitavam de pormenores e conhecimentos de base.

Segundo Tim Berners-Lee, "se o passado foi a partilha de documentos, o futuro é a partilha de dados". Explicou isto dando três passos.

i) Um URL deve apontar para os dados

ii) Qualquer pessoa que trabalhe e aceda ao URL deve poder recuperar os dados iii) Juntamente com os dados, deve também mostrar as ligações a outros URLs com os respectivos dados.

2.2 Limitações da World Wide Web

Foram observadas as seguintes limitações da WWW

Os resultados da pesquisa na Web são de elevada recuperação e baixa precisão.

Os resultados são muito sensíveis ao vocabulário e são páginas Web únicas.

A maior parte dos conteúdos das publicações não está estruturada de forma a permitir o raciocínio lógico e a resposta a consultas. Na Web 2.0, as páginas Web são escritas em HTML. O HTML descreve a sintaxe e não a semântica.

2.3 Soluções para a Web semântica

A Web semântica facilita a publicação dos dados em diferentes linguagens concebidas para os dados, nomeadamente

(i) Quadro de descrição de recursos (RDF)

(ii) Linguagem de Ontologia da Web (OWL)

(iii) Linguagem de marcação extensível (XML)

Ao contrário do HTML, que descreve os dados e fornece ligações entre eles, o RDF, o OWL e o XML são combinados para acrescentar descrição e significado aos termos, o que permite que a máquina processe os dados como o ser humano, com raciocínio e inferência, e resulte numa recolha de dados e investigação significativas. A pesquisa de dados baseia-se na descrição de metadados. Procura o contexto da palavra e o seu significado subjacente. Os metadados são representados através do RDF (Resource Description Framework) para o intercâmbio de dados na Web. O RDF suporta a fusão de dados de diferentes esquemas.

Numa página Web não semântica, uma etiqueta é representada como

<item>blog</item>

Utilizando a página web semântica, o mesmo é representado como

<item rdf:about="http://example.org/semantic-web/">Web semântica</item>

TABELA 2.1 Comparação da Web2.0 com a Web Semântica [4]

Sr. Não.	Wei>2.0	Web semântica
I.	Apenas dados gerados pelo utilizador	Dados gerados por computador, bem como dados introduzidos pelo utilizador
2.	Nenhuma informação sobre os dados carregados	Metadados
3.	Os conteúdos wcbsiic podem ser manipulados por hackers	Comparativamente menos propenso a dados não autorizados manipulação
4.	Entrada de dados anónimos, por exemplo, Wikipcdia	Oaia Ligado a dados sobre outros locais e automatizado
5.	Questões de direitos de autor e de credibilidade	A fonte de dados é conhecida e o proprietário é creditado
6.	Dependente apenas do c| тor humano	Pode tirar conclusões erradas e pode ser logicamente inconsistente
7.	Não é necessária qualquer ligação ou conexão de dados	Um grande número de páginas Web, portanto A ligação seria pesado e moroso
8.	Relativamente simples codificação de páginas Web e, por conseguinte, mais barata	Desenvolvimento de sítios Web e linguagem de programação mais complexo e, por conseguinte, não acessível às indústrias de pequena dimensão.

Capítulo 3

Cenários de recrutamento eletrónico

3.1 Introdução

O recrutamento em linha é o que hoje em dia se designa por e-recrutamento. É o método de contratação dos potenciais candidatos para os postos de trabalho vagos. É um método em que a tecnologia baseada principalmente na web é empregue para processos variados de realização como atrair, recrutar, escolher candidatos a emprego a bordo.

3.2 Benefícios do recrutamento eletrónico

Os portais e sítios Web de emprego em linha tornaram a procura de emprego muito fácil e eficiente. Desde a publicação do currículo, à entrevista em linha e ao processamento da candidatura, a tarefa de recrutamento tornou-se muito flexível e fácil. Os gestores não precisam de perder tempo a selecionar a pessoa certa para o trabalho certo.

3.3 Dificuldades no recrutamento eletrónico

Qualquer pessoa em todo o mundo pode aceder à Internet, o que faz com que, muitas vezes, seja necessário muito tempo para selecionar a pessoa certa para o emprego certo, uma vez que são recebidos volumes demasiado elevados de candidaturas, bem como muitos problemas relacionados com o mau funcionamento dos sítios Web e questões tecnológicas. O aspeto mais importante da procura em linha é que estamos limitados à procura individual de emprego num único sítio Web. A pesquisa nos motores de busca nem sempre fornece a correspondência correta, uma vez que procura a correspondência de palavras-chave.

3.4 Caraterísticas da ontologia proposta para o recrutamento eletrónico

Na fase inicial, foram identificados os subdomínios da aplicação, como os conhecimentos, as competências de programação, a experiência e muitos outros, para construir a ontologia, juntamente com várias fontes de conhecimento úteis que os abrangem. Várias aplicações podem exigir ontologias mais complexas, dependendo dos pré-requisitos e dos objectivos das aplicações. Em geral, um processo de recrutamento básico na perspetiva da associação pode ser categorizado em quatro fases distintas.

1. Análise de requisitos
2. Publicação do anúncio de emprego
3. Receção e pré-seleção de candidaturas
4. Decisão final de recrutamento.

O processo de recrutamento para o domínio das TI é descrito na figura seguinte.

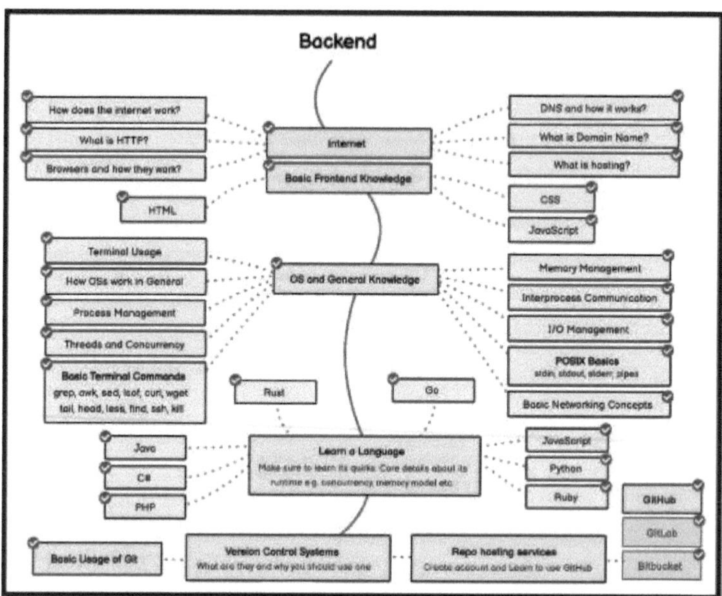

Figura 3.1 Diagrama de fluxo da ontologia para o recrutamento de transportadores de TI

Capítulo 4

Revisão da literatura

11

Quadro 4.1 Revisão da literatura

1	**Autor:**	O. S. Dada, A. F. D. Kana, S. E. Abdullahi
	Título:	Uma abordagem baseada em ontologias para melhorar a procura de emprego em portais de emprego em linha.
	Nome do jornal/documento de investigação	A revista de ciência da computação e suas aplicações, junho de 2018
	Técnica e conclusão:	O algoritmo de correspondência de semelhanças foi aplicado a uma ontologia de CV na ferramenta Ontograph, a fim de fazer corresponder com maior exatidão as competências essenciais dos candidatos aos empregadores.
	Limitações e trabalho futuro:	A técnica de pesquisa e correspondência registou uma melhoria na precisão da correspondência de 34% para a medida F (média de outros 2 parâmetros) e 54% para Recall (quantos documentos relevantes são recuperados), Precisão (quantos documentos recuperados são relevantes), que são os seus parâmetros de desempenho.
2	**Autor:**	Yeshwanth Bashyam Balachander
	Título:	Similaridade de competências técnicas baseada em ontologias
	Nome do jornal / trabalho de investigação	Universidade Estadual de San Josejsu scholarworks. Tese, maio de 2018
	Técnica e conclusão:	Esta tese propõe uma medida de semelhança semântica entre competências técnicas utilizando uma abordagem baseada no conhecimento. A abordagem constrói uma ontologia utilizando a dbpedia e utiliza-a para obter uma pontuação de semelhança. Implementação da ontologia personalizada, sistema de medição de semelhança e desempenho do sistema na comparação de competências técnicas.
	Limitações e trabalho futuro:	A abordagem proposta tem um desempenho melhor do que o sistema de correspondência de currículos para encontrar a semelhança entre competências. Isto pode ainda ser melhorado através de uma afinação fina do

		rastreador de ontologias para filtrar utilizando tipos mais especializados.
3	**Autor:**	Sisay Chala e Majid Fathi [6]
	Título:	Correspondência entre candidato a emprego e vaga usando análise de redes sociais
	Nome do jornal / trabalho de investigação	Conferência Internacional do IEEE sobre Tecnologia Industrial (ICIT), 2017
	Técnica e conclusão:	Descobrir vários métodos para registar as competências, os conhecimentos e a experiência de um candidato a emprego e fazer a correspondência com as competências necessárias para o emprego. As principais competências necessárias para uma correspondência considerável das ofertas de emprego podem ser conhecidas através da introdução dos dados da rede social do utilizador
		modelagem. Tendo isso em conta, foi desenvolvido o sistema de recomendação de vagas. i) modelação de ofertas de emprego através de dados de normas profissionais ii) modelação de candidatos a emprego através de dados de competências, qualificações e experiência provenientes da autoavaliação do candidato a emprego, avaliando através de ligações de indivíduos. iii) Fazer a correspondência entre a oferta de emprego e o candidato a emprego [6]
	Limitações e trabalho futuro:	Um protótipo tem de ser implementado, verificado e testado para determinar a sua eficácia, comparando-o com as ofertas de emprego e a utilização efectiva por parte dos candidatos a emprego. -No processo de análise, é importante ter em conta as qualificações e certificações, de modo a que possam ser realizadas experiências em casos de utilização variados para medir a sua utilidade real no mundo real.
4	**Autor:**	Sisay Chala, Scott Harrison e Majid Fathi
	Título:	Extração de conhecimentos de vagas em linha para uma correspondência eficaz de empregos

Nome do jornal / trabalho de investigação	IEEE 30th Conferência sobre Engenharia Eletrotécnica e de Computadores (CCECE), 2017	
Técnica e conclusão:	- A classificação das competências é feita em competências necessárias e competências desejadas. - Os requisitos do emprego são posteriormente classificados para as ofertas de emprego, a fim de fazer corresponder os candidatos a emprego a estes critérios e verificar se possuem as competências necessárias e opcionais. - São utilizadas diferentes tecnologias para a análise e a correspondência de empregos, como i) extração de dados da Web - para a recolha de dados em linha. ii) para representar os dados textuais, é utilizada a PNL iii) Aprendizagem automática - para apresentar e extrair o resultado. iv) A investigação permite concluir que a correspondência entre as vagas e os candidatos a emprego baseada em palavras-chave simples pode resultar numa correspondência incorrecta[8].	
Limitações e trabalho futuro:	- Quando os candidatos a emprego e as ofertas de emprego são correspondidos, é necessário efetuar uma implementação eficaz do protótipo. - É necessário efetuar o processamento da linguagem natural	
	para extrair as competências necessárias e desejadas quando a vaga não as classifica claramente [8].	
5	**Autor:**	AlabaT. Owose ni , Olatun bosun Olabodeb, A. Ojoko h
	Título:	Recrutamento eletrónico melhorado utilizando a recuperação semântica de documentos serializados modelizados
	Nome do jornal/documento de investigação	I.J. Mathem atic al Sciences and Computi ng,2017, 1,11 Publicado Online em janeiro de 2017 na MECS.
	Técnica e conclusão:	Foi desenvolvido um sistema de três níveis que analisa e modela os documentos serializados dos candidatos utilizando técnicas de recuperação de documentos e de

		processamento de linguagem natural. - Utilizando páginas de servidor Java, foi desenvolvida a sua camada de apresentação e utilizando a tecnologia de serviço Web, foi desenvolvida a camada intermédia. Usando o Algoritmo de Brill com a minha sequela, a camada de dados modela os currículos que foram tokenizados e etiquetados. A indexação foi conseguida na camada intermédia usando um índice invertido que descreve vários termos como frases nominais, extraídas dos currículos dos candidatos que são identificados usando o Algoritmo de Brill [10]
	Limitações e trabalho futuro:	A utilização do Processamento de Linguagem Natural para recuperar dados requer um conhecimento completo dos mesmos. Como também consome muito tempo, será um desafio para os novos investigadores [10].
6	**Autor:**	Mihaela-irina enăchescu
	Título:	Um protótipo para uma plataforma de recrutamento eletrónico utilizando tecnologias da Web semântica.
	Nome do jornal / trabalho de investigação	Nformatica economică
	Técnica e conclusão:	Desenvolveram um sistema de recomendação de emprego, para ligar as pessoas a oportunidades de emprego e vice-versa. Para converter a entrada dos utilizadores em descrição RDF, são utilizadas as APIs RDF2Go e RDFBeans. O armazenamento e a recuperação dos dados utilizam o Jena Frame-work.ol.20, no.4/2016
	Limitações e trabalho futuro:	As direcções para investigação futura incluem a correspondência entre os anúncios de emprego e os perfis dos candidatos com base num rácio de compatibilidade, em vez de tentar encontrar a combinação perfeita. Outro passo que será dado para melhorar o desempenho global da plataforma de recrutamento eletrónico é incluir os traços de personalidade do candidato no processo de correspondência.
7	**Autor:**	Muhammed Al-Khwarizmi

	Título:	Correspondência de recursos humanos através do aumento da consulta para melhorar o contexto da pesquisa
	Nome do jornal / trabalho de investigação	Tese, Universidade de Linköping, Departamento de Informática e Ciências da Informação, Base de dados e técnicas de informação (ADIT), 2016
	Técnica e conclusão:	O objetivo da tese é investigar como fazer corresponder os recursos humanos de uma empresa às tarefas recebidas dos clientes. A solução proposta consiste em utilizar ontologias para implementar um aumento de consulta que melhorará a definição do contexto através da adição de sugestões de palavras relevantes pelos utilizadores. A intuição é que, ao adicionar palavras progressivamente, o contexto fica mais restrito, facilitando a procura de qualquer consultor que corresponda a uma tarefa específica. O aumento da consulta será então manifestado numa aplicação Web criada em NodeJS e AngularJS.
	Limitações e trabalho futuro:	A adição de condições adicionais às consultas é também uma melhoria importante da precisão, mas pode ser demasiado rigorosa, resultando na negligência de currículos relevantes. 44 O trabalho futuro incluiria a adição de condições de consulta adicionais e a expansão da visualização do aumento da consulta.
8	**Autor:**	Sheng-Wei Huang, Chia- Ho Yu1, Ce- Kuen Shieh1, Ming- Fong Tsai2*
	Título:	Processamento eficiente e escalável de consultas SPARQL com tabela transformada, 2015
	Nome do jornal / trabalho de investigação	Conferência IEEE sobre comunicações e redes sem fios (WCNC)
	Técnica e conclusão:	O HBase, que é um sistema de base de dados NoSQL, e o modelo de programação Map Reduce são as duas soluções mais conhecidas para o processamento de dados em grande escala. A utilização de consultas SPARQL para encontrar padrões de triplas correspondentes é um

		processo moroso. Para reduzir o tempo de operação de leitura, foi concebida uma outra tabela chamada Transformed Table com um esquema de armazenamento diferente. [5]
	Limitações e trabalho futuro:	Comunidades de dados e Web semântica [5]
9	**Autor:**	Paolo Montus chi, Valentina Gattes chi, Fabrizi Lamberti, Andrea Sanna e Claudi Demartini,
	Título:	Processos de recrutamento e procura de emprego: Como a tecnologia pode ajudar
	Nome do jornal/documento de investigação	IEEE Computer Society IT Professional, 2014.
	Técnica e conclusão:	A procura de emprego apoiada por computador tem sido explorada através de diferentes métodos 1) Métodos supervisionados: a) Árvores de decisão, n/w's neurais 2) Não supervisionado: a) Método da colónia de formigas b) Cluster Análise 3) Algoritmo genético 4) Agentes S/W 5) Abordagens semânticas [8]
	Limitações e trabalho futuro:	Para reduzir a dependência dos peritos e dos utilizadores, a investigação deve ser feita através do desenvolvimento de estratégias automáticas através das quais a integração da plataforma de encontros com os dados biológicos, perfis e anúncios de emprego dos utilizadores existentes possa ser feita. É possível orientar mais a investigação e a execução 1) aumentar a flexibilidade, reconhecendo os vários métodos para utilizar completamente as normas e classificações existentes. 2) avaliar e verificar se as técnicas automáticas de correspondência entre empregos funcionam de forma

		eficiente e com melhor desempenho [8]
10	**Autor:**	Patsakorn Singto,Anirach Mingkhwan
	Título:	Pesquisa semântica de conceitos de carreiras de TI com base em ontologias
	Nome do jornal / trabalho de investigação	Journal of Advanced Management Science, Vol. 1, março de 2013
	Técnica e conclusão:	A estrutura proposta pode ser vista como uma extensão do VSM tradicional com suporte semântico. Os esforços futuros em torno desta estrutura centrar-se-ão na otimização dos números atribuídos aos níveis de relevância e na melhoria do desempenho do raciocinador. O processo centra-se na redução do tempo de execução através da consulta dos resultados com os recursos das bases de dados após a extração dos recursos da ontologia, bem como no fornecimento de informações de inferência abreviadas.
	Limitações e trabalho futuro:	-

Capítulo 5

Componentes do novo sistema

5.1 Plataforma de execução.

O sistema proposto deve ser executado utilizando as seguintes tecnologias...

Protégé para a conceção de ontologias

SPARQL para escrita de consultas Apache Jena Fuseki Server para ligação de interfaces PHP para criação da interface do utilizador

Ferramentas e tecnologia

5.2.1 Introdução ao Protégé 3.4.2

A Universidade de Stanford desenvolveu uma ferramenta chamada Protégé, que é um editor de ontologias e bases de informação através do qual se pode desenvolver ontologias de domínio, formulários online para introduzir dados e informação. O Protégé permite definir as classes, as variáveis, as cadeias de comando das classes, as limitações e restrições dos valores das variáveis, as ligações entre as classes e as propriedades dessas ligações. É uma fase gratuita e de código aberto que fornece várias ferramentas para desenvolver modelos de domínio e aplicações baseadas no conhecimento com ontologias.

5.2.2 Consulta SPARQL

SPARQL significa Protocolo SPARQL e linguagem de consulta RDF. SPARQL pode ser uma linguagem de consulta semântica para bases de dados, que recupera e manipula informações armazenadas no formato Resource Description Framework e representa dados na rede. Para a ontologia de Job Search proposta, é criada uma consulta SPARQL para criar e recuperar dados do ficheiro OWL utilizando a interface PHP

5.2.3 Estrutura de uma consulta SPARQL

A consulta SPARQL é constituída por quatro componentes principais: Prefixo, Selecionar, De e Cláusula Onde.

A pergunta SPARQL contém, por ordem:

* Declarações de prefixos: utilizadas para abreviar URIs.
* Definição do conjunto de dados: que indica quais os grafos RDF que estão a ser consultados.
* Cláusula de resultado: Identifica as informações que devem ser devolvidas pela consulta.
* padrão de consulta: Refere o objetivo para o qual o conjunto de informações deve ser consultado.
* Modificadores de consulta: Basicamente utilizados para o particionamento da informação, conhecido como fatiar, ordenar e reorganizar os resultados da consulta.

5.2.4 Construir consultas SPARQL

\#   declarações de prefixo

PREFIXO foo: <http://example.com/resources/>

definição do conjunto de dados

DE ...

cláusula de resultado

SELECCIONAR ...

padrão de consulta

WHERE {

...

}

modificadores de consulta

ORDER BY ...

5.2.5 Conceção da Ontologia Proposta

Existem muitas ontologias disponíveis, mas eu concebi a minha própria ontologia "Procura de emprego". Trabalhei com ela da seguinte forma...

Concebeu a ontologia de procura de emprego

Conjunto de dados preparado para a ontologia de procura de emprego

Definição dos axiomas (regras)

Criou e executou uma consulta SPQRQL sobre a ontologia de procura de emprego. Criou uma interface PHP para candidatos a emprego e empregadores.

Arquitetura da JobOntology

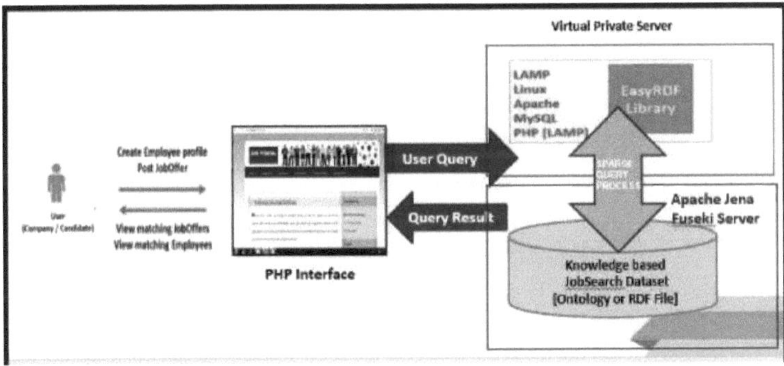

Figura 5.2 Arquitetura da JobOntology

Quadro 5.1 Classes da ontologia JobSearch e associação de propriedades de dados

N.º Sr.. Classe Nome	Propriedade dos dados	N.º Sr.. Classe Nome	Dados Nome da propriedade	N.º Sr..	Nome da classe	Dados Nome da propriedade

1	**Empresa**	identificação da empresa	4	**Oferta de empreg o**	identificação do trabalho	8	**Domínio de competências**	id do domínio de competências
		nome da empresa			título do cargo			nome_domínio_da_competênci a
		localização da empresa			descrição do trabalho			
		e-mail da empresa			emprego oferecido salário	9	**Habilidade_SubD omai n**	skill-subdomainid
		sítio web da empresa			cidade jobloc			nome_do_subdomínio_de_com petências
		contacto_empr esa			local de trabalho estado			
2	**TrabalhoSe eke r**	js id			Ofertas de emprego			
		nome js			data de publicação do anúncio de emprego	10	**Conjunto de competências**	id do conjunto de competências
		js email						nome do conjunto de competências
		js móvel	5	**Educaç ão**	nome do grau ug			
		js dob			nome do grau pg	11	**Experiência profissional**	nome da empresa
		js género			ug_univesity_ nam e			designação
		cidade de js			pg_university_ nam e			
		estado js			outro grau			
		endereço js						
		j s_actualcompa nhia	6	**Cidade**	identificação da cidade			
3	**Empregado**	empírico			nome da cidade			
		nome do funcionário						
		e-mail do	7	**Estado**	identificação			

| | empregador | | | do estado | | | |
| | multidão de empregadores | | | nome do estado | | | |

Tabela 5.2 Classes da ontologia JobSearch e tipos de RDF/RDF

f· J

Classe	Relacionamento
Empresa	A empresa é P o st ina JobOffer
	Empresa... .isRecru-it⅛g., JpbSeeker
JpbOffer	JpbSeek^_isSe^ching JpJbOffer
JpbSeeker	JobS eeker_is JHaying ...Skill
Habilidade	Competência LsRequiring Domínio
	JobOffer LsRequiring Skill
	JobS eeker_is JHaying ...Skill
Domínio	JobOffer IsRelatedTo Domínio
	Domínio IsRequiringSkill
Cidade	A empresa está situada na cidade
	O candidato a emprego está a viver na cidade
Estado	Cidade IsLocatedIn Estado
Salário	JobSeeker iSExpectativa de salário
	JobOffer isθffering Salary

Tabela 5.3 Propriedades do objeto

Er. M*.	Propriedade do objeto	So- ree CLau	Objeto Claii
1	i =P-Difit E	Conpacy	JobOffet
2	IiReortitira	Conpaty	Emprego
3	iiLocalização	Conpaty	Cidade
4	idSeκdɪ⅛g	JDbEeelzer	JobOffet
5	IiLdiitgIr	Procura de emprego	Cidade
6	IiHaiitE	Emprego	Ekill
-	isHaiire	JobSeelzer	Qtabficafiot
8	iiHaiIt≡	Procura de emprego	W OtkEKperi ecce
9	IiExpectativa	JDbEeelzer	Ealaty
10	I E F.≡C UI1t≡	Oferta de emprego	W OtlExperi et ze
11	i iRectdtit≡	Oferta de emprego	Qtalificafiot
12	i iRectitit≡	Oferta de emprego	Elfill
13	i iRectdtit≡	Habilidade	Donait
14	IiP-DitecBy	Oferta de emprego	Conpaty
15	**iiθfferit≡**	JobOffet	E alar--
IS	i iRe1atadTo	Oferta de emprego	Donait
17	i iL-DcateeIt	Cidade	Etate

| 18 | i S-EittatedIt | Conpaty | Cidade |

Descrição da classe/entidade e descrição da instância da JobOntology no Protege

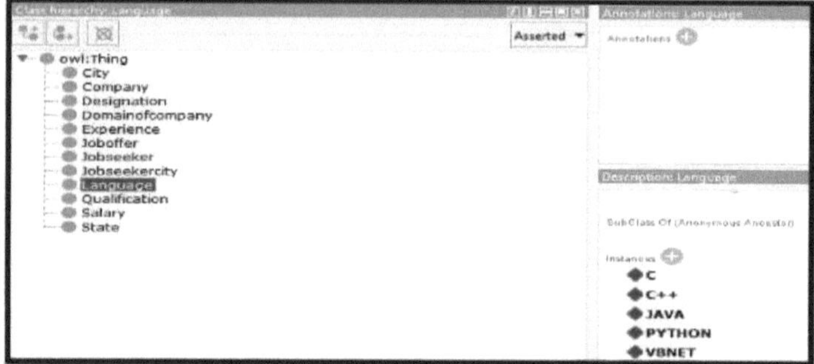

Figura 5.3 Descrição da classe/entidade e descrição da instância de JobOntology

Exemplo de consulta: Mostrar todos os nomes de JobSeekers com os seus nomes de cidade

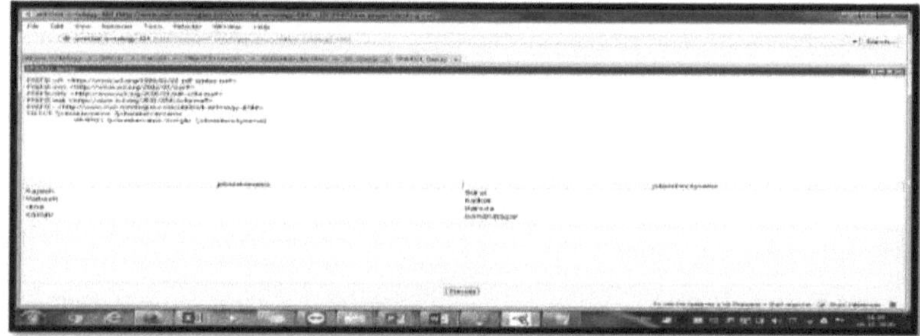

Figura 5.4 Visualizar o nome de todos os JobSeekers com os seus nomes de cidade

Exemplo de consulta : Encontrar todos os nomes de empresas que estão no Estado de Gujarat trabalhando no domínio Dot net que está pagando salário mínimo 45000

SELECT ?nome da empresa

WHERE { ?nome da empresa :situadoAt ?nome da cidade.

?cit yname :hasState :Gujarat.

?nome da empresa :hasDomain :Dotnet.

?nome da empresa :salário ?salário .

FILTRO(?salário>=45000) .}

5.2.6 Introdução ao PHP

De acordo com a informação da W3Techs, o PHP é utilizado por setenta e oito,9% de todos os sites com uma linguagem de programação do lado do servidor. Portanto, cerca de oito em cada dez sites que visita na unidade da área web utilizam PHP aqui e ali.

A W3Techs encontrou o PHP como a linguagem do lado do servidor para 80,1% dos sítios, de acordo com a pesquisa efectuada no mês de novembro de 2017. Em junho de 2018, o número desceu para 79,6 % e para 78,9 % em novembro de 2018 [23].

Importância do PHP

Com as formas mais recentes do PHP, a última versão do PHP é mais rápida do que qualquer outra. Os benchmarks de PHP em curso mostram um imenso incremento de exibição para o PHP 7.X em relação ao PHP 5.6 [23]. Em vários testes utilizando o WordPress e módulos de comércio eletrónico conhecidos, como o WooCommerce e o Easy Digital Downloads, o PHP 7.3 estava a empurrar 2-3 vezes a quantidade de pedidos por segundo que o PHP 5.6. Além disso, o PHP 7.4 que a Kinsta encontrou é ainda mais rápido em comparação com outras versões disponíveis.

Funcionalidades PHP

A unidade de área de muitas funções do sistema é executada pelo PHP, começando pelas operações de manipulação de ficheiros como produzir, abrir, ler, escrever e fechar.

- O manuseamento de formulários torna-se fácil com a utilização do PHP, por exemplo, para recolher dados de ficheiros, guardar informações num ficheiro, utilizar o correio eletrónico para enviar facilmente informações e também para enviar as informações de volta ao utilizador.
- os elementos de dados da sua base de dados podem ser simplesmente acedidos, eliminados e alterados através do PHP.
- As variáveis dos cookies podem ser acedidas e os cookies podem mesmo ser definidos.
- Podem ser impostas restrições aos utilizadores para acederem às páginas do sítio Web através do PHP.
- A codificação é adicionalmente possível.

Caraterísticas do PHP

Devido às suas caraterísticas melhoradas, o PHP ganhou popularidade no mercado do desenvolvimento Web. As caraterísticas que tornam o PHP popular são as seguintes [25]

- Simplicidade, Eficiência, Segurança, Flexibilidade, Familiaridade

Capítulo 6

Implementação da Ontologia

26

6.1 Estrutura do processo de procura de emprego utilizando a tecnologia da Web semântica

Um processo comum de recrutamento, visto do ponto de vista da organização, divide-se em quatro fases:

- **Análise dos requisitos:** Utilização de vocabulários controlados para descrever os termos de cada descrição de emprego, a fim de melhorar a utilização comum dos termos por todos os empregadores que publicam as ofertas de emprego.

- **Anúncio de emprego pelo empregador:** Os empregos publicados em sítios Web comerciais são pagos e só podem chegar a um número limitado de candidatos a emprego numa região específica. A gestão das ofertas de emprego numa base de dados distribuída permitirá a pesquisa semântica e a resposta a todas as ofertas de emprego.

- **Recuperação de candidaturas de candidatos a emprego:** As anotações semânticas das candidaturas a emprego beneficiam o candidato e o empregador, uma vez que os candidatos a emprego podem preencher os seus dados numa plataforma RDF comum em vez de preencherem vários formulários Web. Os empregadores utilizam a anotação para automatizar o processo de seleção, fazendo corresponder os requisitos dos candidatos às necessidades da empresa.

- **Entrevista e atribuição de emprego:** Esta seria a fase final do processo de recrutamento, em que o candidato a emprego se reunirá pessoalmente com o empregador. A investigação centra-se na descrição das várias fases do recrutamento em linha utilizando tecnologia semântica, que será apoiada por tecnologias Web linguísticas. Os principais elementos constitutivos do processo serão a utilização de vocabulários controlados para anotar os vários anúncios de emprego e aplicações, juntamente com a utilização do quadro de descrição de recursos. A figura seguinte representa o fluxo do processo.

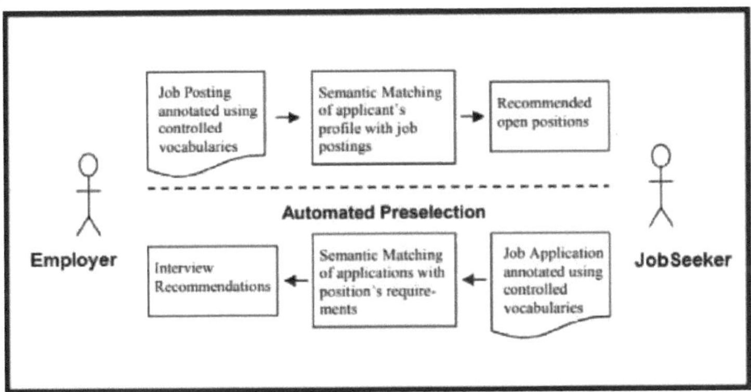

Figura 6.1 Processo de procura de emprego utilizando a tecnologia da Web semântica

Algoritmo implementado

Passo 1: INICIAR

Definir e criar as classes necessárias para a ontologia de pesquisa de emprego, nomeadamente, Company, JobSeeker, Employer, JobOffer, Skill_Domain, Skill_SubDomain,

Passo 2: Skill_Set, Work_Experience, Educação, Cidade, Estado e País

Passo 3: Definir propriedades de dados para cada classe

Passo 4: Definir propriedades de objeto para cada classe

Atribuir caraterísticas de propriedade de objeto a cada propriedade de objeto

Passo 5: definida

Passo 6: Definir axiomas

Passo 7: Criar instâncias para cada classe definida

Passo 8: Atribuir asserções de Propriedade de Dados para cada indivíduo

Passo 9: Atribuir asserções de propriedade de objeto a cada indivíduo

Escrever e executar consultas SPARQL para a ontologia de procura de emprego

Passo 10: definida

Passo 11: Repita os passos 3 a 10 para cada classe definida.

Criar uma ontologia combinada através da importação de outras ontologias baseadas em

Passo 12: JobSearch num novo ficheiro.

Passo 13: Escrever e executar SPARQL nas múltiplas ontologias combinadas

Passo 14: Instalar o servidor Apache Jena Fuseki para Windows 7

Passo 15: Executar o servidor Apache Jena Fuseki no navegador: localhost:3030

Passo 16: Gerir conjunto de dados (criar um novo conjunto de dados para a Ontologia JobSearch)

Selecione o ficheiro ".owl" (formato RDF) e carregue-o. (Apresenta o nome do ficheiro

Passo 17: carregado com os triplos)

Passo 18: Definir o ponto de extremidade SPARQL como

http://localhost:3030/jobsearch/query

Executar uma consulta SPARQL no servidor Apache Jena Fuseki (não é necessário o Protégé),

Passo 19: pode acrescentar, atualizar e apagar registos da Jena Fuseki)

Passo 20: Iniciar o servidor Xampp

No Browser, carregar a interface de utilizador criada em PHP

Passo 21: (localhost:8080/jobsearch.php)

Passo 22: Iniciar sessão como empregador ou candidato a emprego

Passo 23: O empregador publica a oferta de emprego

Passo 24: Candidato a emprego regista-se na interface JobSearch

O candidato a emprego procura emprego no domínio das TI com base na qualificação,

empresa, passo 25: Nome e domínio

Etapa 26: O candidato a emprego deve candidatar-se à oferta de emprego

Etapa 27: O empregador encontra o candidato a emprego

Etapa 28: STOP

Metodologia

A metodologia de desenvolvimento da ontologia JobSearch é a recolha de dados, que inclui conjuntos de dados para JobSeeker e Employer. O candidato a emprego tem de introduzir os seus dados completos, juntamente com as suas competências, ao passo que o tipo de dados de base para o empregador é a descrição do emprego e os requisitos necessários. Para harmonizar este tipo de dados, que podem ser recolhidos de diferentes fontes, o primeiro passo é a limpeza, a integração, a seleção e a transformação que, basicamente, abordam a necessidade de modelar dados heterogéneos num modelo de dados uniforme utilizando as API intermédias que comunicam com diferentes sítios Web de emprego. Após o pré-processamento dos dados, estes contêm conjuntos de competências, experiência, habilitações literárias e dados sobre o salário esperado, que são os factores que serão considerados para uma análise mais aprofundada.

Estes dados pré-processados do candidato a emprego podem ser ligados semanticamente utilizando a ontologia de domínio do conjunto de competências. O principal objetivo da ligação semântica de documentos é mapear o conjunto de competências dos candidatos a emprego com os requisitos de emprego do empregador.

O algoritmo da ontologia de procura de emprego baseado na correspondência semântica entre a candidatura dos candidatos a emprego e os requisitos da empresa adopta os passos descritos no algoritmo acima.

O algoritmo calcula a semelhança semântica entre todas as competências de um perfil de emprego e todas as competências do perfil do candidato a emprego e obtém o resultado.

Fluxograma do sistema proposto

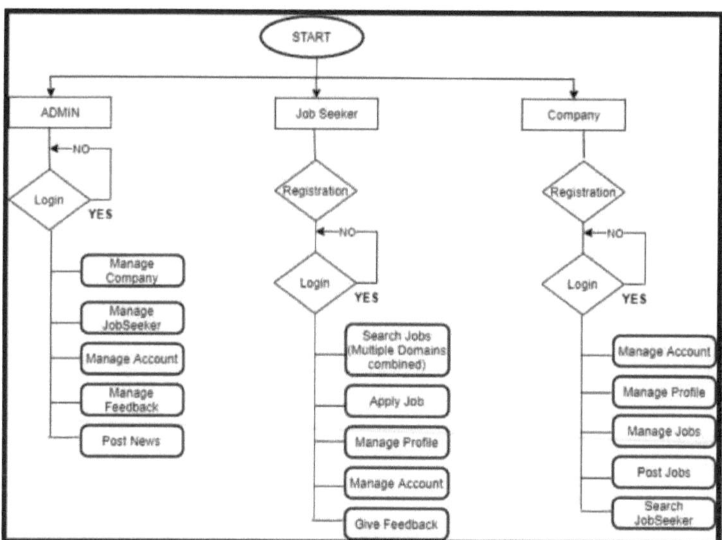

Fig. 6.2. Diagrama de fluxo para a ontologia JobSearch

A investigação proposta segue o fluxo acima descrito para todos os diferentes tipos de utilizadores que utilizam o sistema. O administrador é responsável pela gestão da interface geral do utilizador. O Empregador regista-se no sistema e pode gerir a sua conta, o seu perfil, publicar as ofertas de emprego da sua empresa e os detalhes da entrevista. Também pode aceder às candidaturas preenchidas pelo candidato a emprego. O candidato a emprego também se regista no sistema e pode gerir a sua conta, o seu perfil, ver várias ofertas de emprego e candidatar-se às ofertas publicadas. Também pode enviar os seus comentários.

6.2 Combinação de várias ontologias

Na Web Semântica, é possível combinar várias ontologias. A normalização dos dados, com base num vocabulário comum e numa relação definida, é necessária para aplicar uma abordagem híbrida da ontologia. Diferentes ontologias com a mesma estrutura podem ser combinadas entre si e uma única consulta pode ser executada sobre elas. Integração técnica entre os diferentes SPARQL

com conteúdos diferentes relacionados com as terminologias e a classificação do domínio. A vantagem de executar uma consulta comum em várias ontologias combinadas pode definir a reutilização de ontologias existentes e fornecer novos resultados combinados. Serve o objetivo de centralização de dados, em que os dados são armazenados numa localização comum e, quando disparadas, várias consultas de diferentes navegadores Web terão acesso e serão executadas neste armazenamento de dados centralizado e produzirão os melhores resultados. Um conceito de repositório de base de dados comum está a ser desenvolvido aqui.

O armazenamento descentralizado de dados já não é um problema. Isto foi claramente observado nos actuais cenários da World Wide Web, em que diferentes motores de busca, quando executam as consultas, produzem vários resultados que correspondem às palavras da consulta disparada. Isto não acontece com a pesquisa semântica específica.

6.3 Vantagens da combinação de ontologias

1) Reutilização de dados

2) Centralização de dados

3) Execução de consultas híbridas através da combinação de várias bases de dados SPARQL.

4) Resultados específicos do significado e do contexto.

Testing.owl e JobOntology.owl são importados em conjunto num único ficheiro OWL.

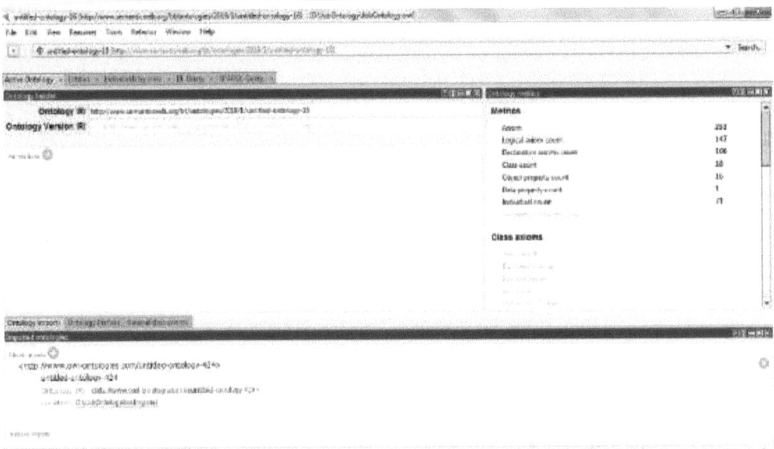

Consulta combinada executada em 2 importadores! Ontologias

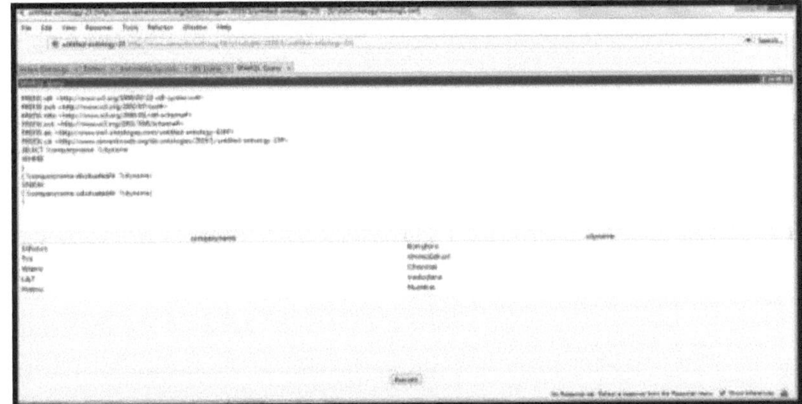

Figura 6.4 Execução de consultas numa ontologia combinada

6.4 Criação de interface utilizando o servidor Apache Jena Fuseki

> Foram efectuados os seguintes passos para configurar o servidor Apache Jena Fuseki.

> Instalei o servidor Apache Jena Fuseki para o Windows 7.

> Criou o conjunto de dados.

> Carregamento do conjunto de dados no servidor

> Carregamento do ficheiro jobsearch.owl para ligação à base de dados

> Execução das diferentes operações de consulta SPARQL no próprio servidor.

> Servidor de ligação com a interface PHP para o JobPortal

Servidor Apache Jena Fuseki

Figura 6.5 Criar conjuntos de dados no servidor Apache Jena Fuseki

Figura 6.6 Execução de consultas SPARQL no servidor Apache Jena Fuseki

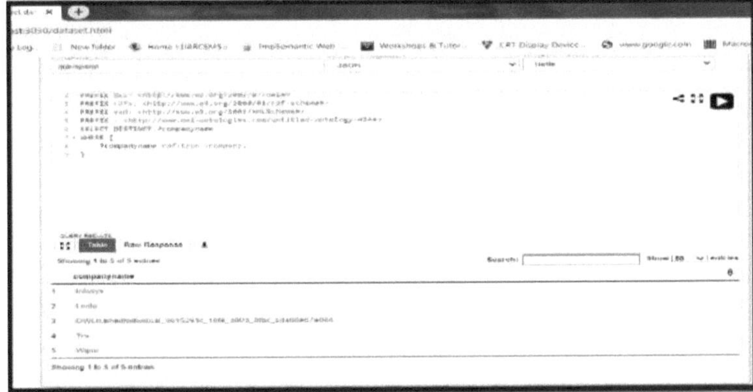

Figura 6.7 Resultado da consulta após a execução no servidor

6.5 Integração com PHP

A interface atual é criada em PHP e, utilizando esta interface, o utilizador pode ver os pormenores dos empregos publicados pelos empregadores/empresas, bem como procurar empregos em muitos portais diferentes.

Utilizei a sessão na minha interface para que os utilizadores e as tarefas sejam geridos através da sessão. As sessões armazenam toda a informação do lado do servidor. Por isso é altamente seguro.

Interfaces para o candidato a emprego e o empregador

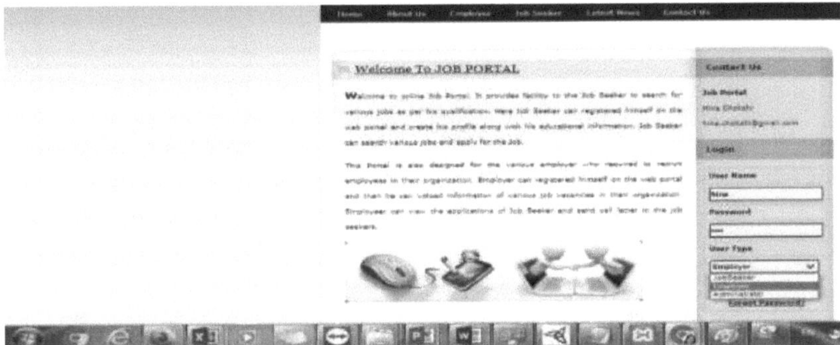

Figura 6.8 Interface do candidato a emprego e do empregador

Painel de controlo dos empregadores

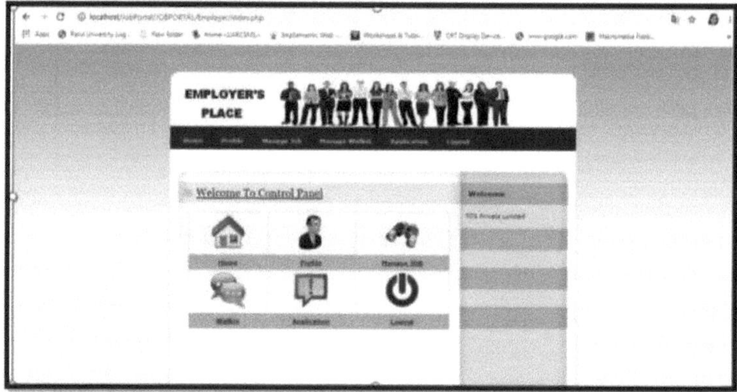

Figura 6.9 Painel de controlo do empregador

Perfil dos empregadores

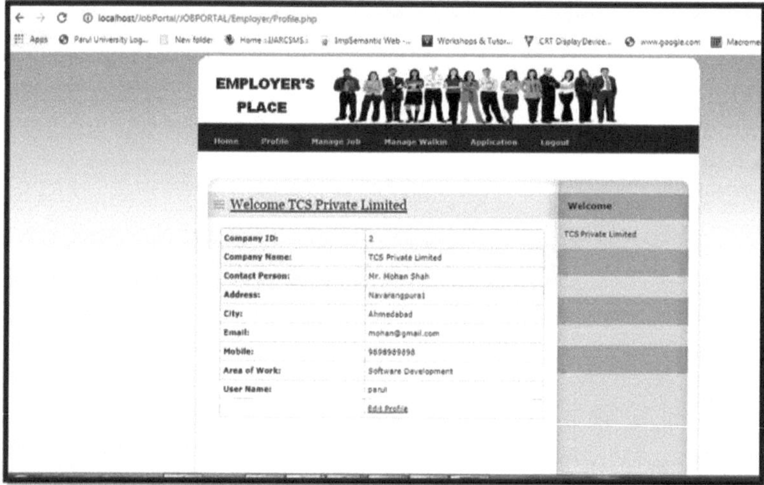

Figura 6.10 Perfil do empregador

Empregador que anuncia o emprego

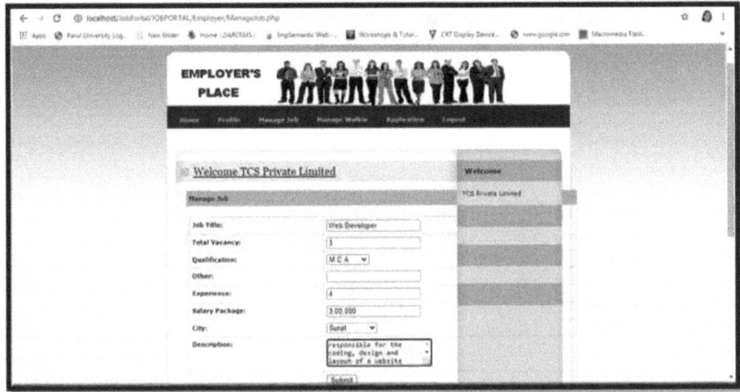

Figura 6.11 Empregador que publica detalhes do emprego

O empregador gere a candidatura de candidatos a emprego

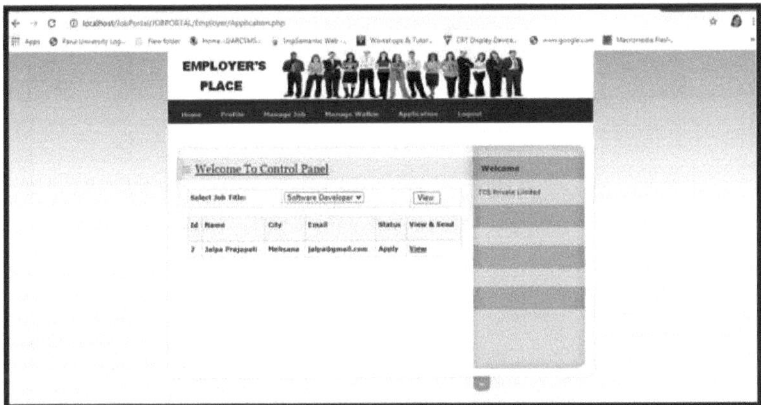

Figura 6.12 O empregador gere a candidatura dos candidatos a emprego

Painel de controlo dos candidatos a emprego

Figura 6.13 Perfil educacional dos candidatos a emprego

Perfil de JobSeeker

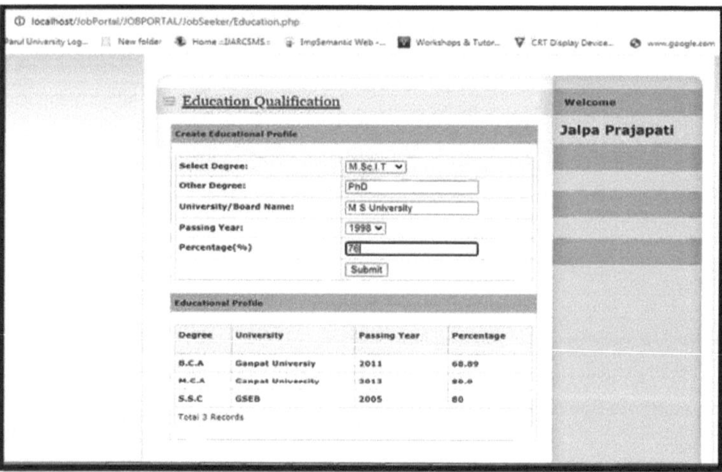

Figura 6.14 Perfil do candidato a emprego

O candidato a emprego procura o emprego

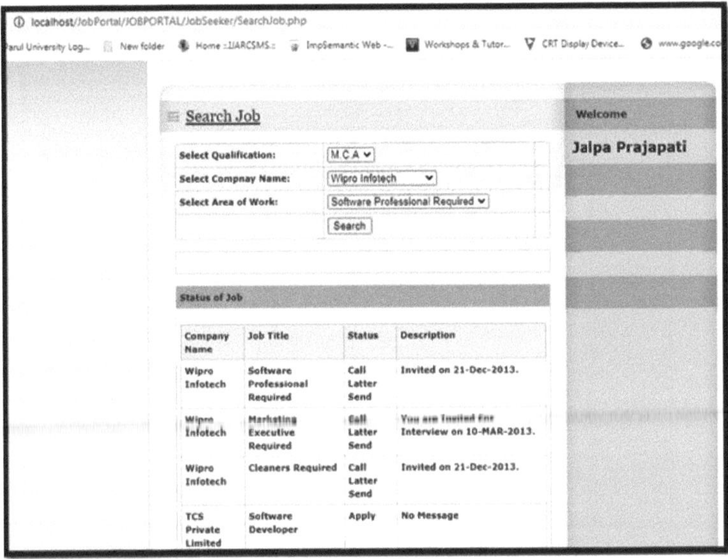

Figura 6.15OcupSeeker procura o emprego

Detalhes da entrevista visíveis na página do candidato a emprego

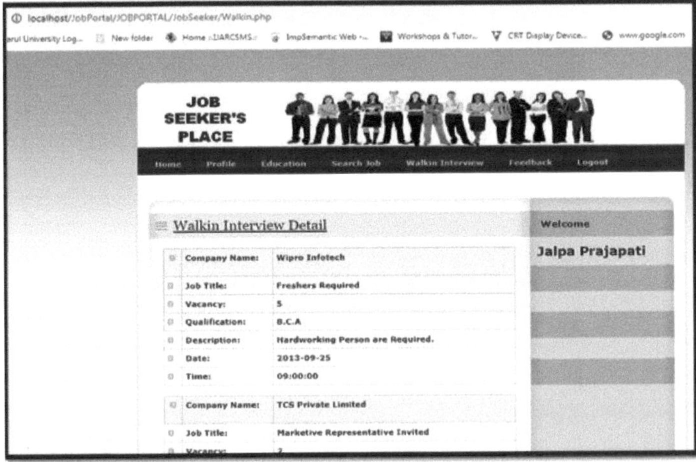

Figura 6.16 Pormenores da entrevista visíveis no final do processo de procura de emprego

Início de sessão dos administradores

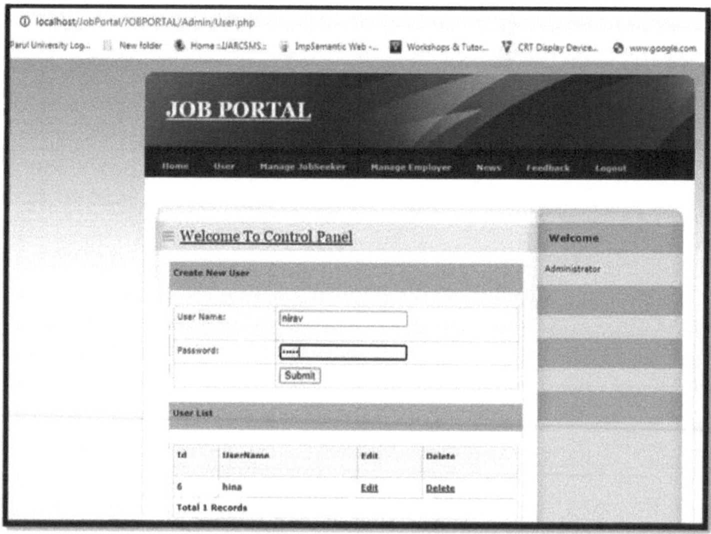

Figura 6.17Início de sessão dos administradores

Feedback do candidato a emprego

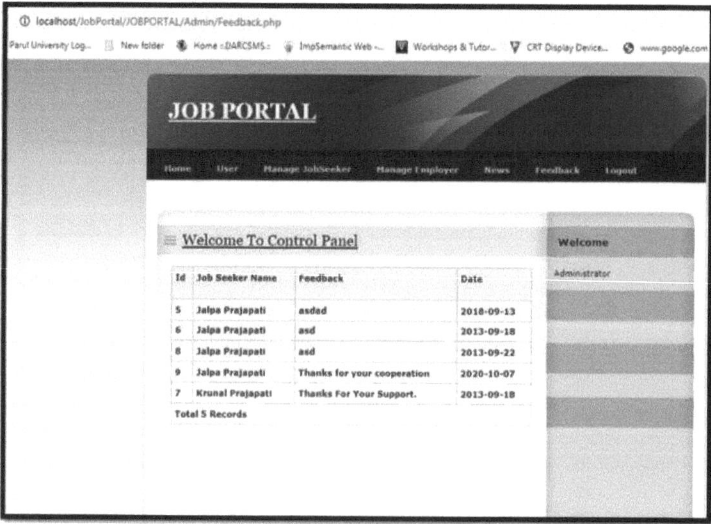

Figura 6.19 Reacções dos candidatos a emprego

6.6 Resultados e comparações

Foram utilizados vários portais de emprego como o Indeed.com, Monster.com e

Glassdoor.com para efetuar a experiência de pesquisa nestes três principais sítios Web de emprego com a mesma consulta. Por conseguinte, os resultados foram diferentes quando comparados com os resultados dos sítios Web individuais e, posteriormente, concluímos que os resultados tinham sido apresentados de forma diferente, embora com o mesmo título profissional, local de trabalho e anos de experiência. Na nossa ontologia semântica de pesquisa de emprego, ao adicionar a mesma consulta, estávamos a obter todos os melhores resultados apresentados no nosso modelo semântico. O que torna a pesquisa mais relevante para o utilizador e menos morosa, com os resultados significativos apresentados nos nossos modelos.

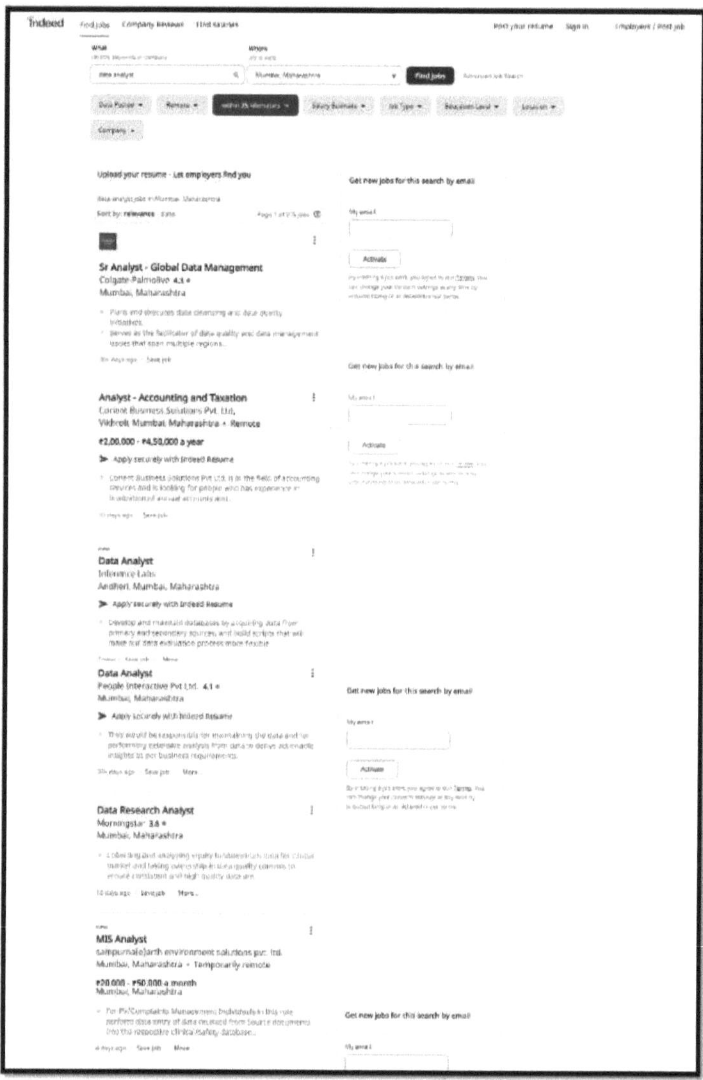

Figura 6.20 Procura de emprego no Indeed.com

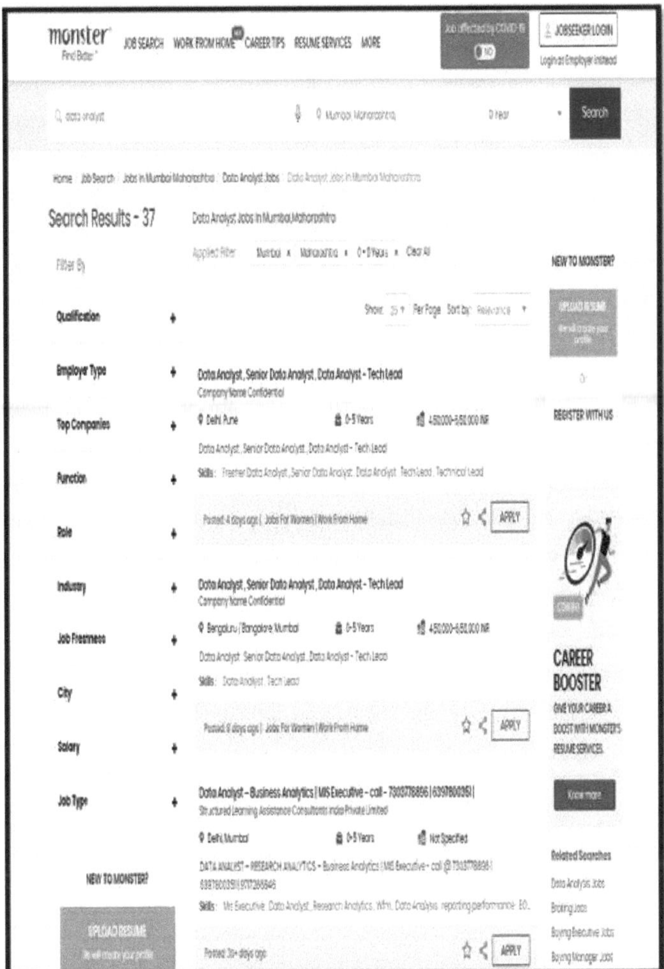

Figura 6.21 Procura de emprego em Monster.com

Como se pode ver nas imagens acima, quando o candidato a emprego procurou o emprego de Analista de dados, os portais de emprego estão a dar resultados diferentes do emprego procurado. Isto limitará o candidato a emprego aos resultados obtidos através de um portal de emprego específico no qual se tenha registado. Uma vantagem desta situação pode ser a procura de emprego através da ontologia de procura de emprego, em que um conjunto comum de empregos que correspondam aos requisitos do candidato será obtido a partir de vários portais de emprego em linha.

Com a ajuda do nosso modelo semântico, os utilizadores não precisam de se candidatar em

41

todos os cantos dos sítios Web de procura de emprego e fornecer as respectivas informações pessoais para a procura de emprego. No nosso modelo semântico, a nossa abordagem de coordenação utiliza os metadados dos anúncios de emprego e dos perfis dos concorrentes e, como resultado da coordenação, é criado um resumo posicionado do melhor candidato para uma determinada posição de trabalho (e vice-versa).

Tanto num anúncio de emprego como no perfil de um candidato, agrupamos fragmentos de dados em "grupos temáticos", por exemplo, dados sobre aptidões, tipos de competências, dados relativos à área de interesse da indústria e à classe profissional no sector das TI e, por último, legendas de postos de trabalho, como dados sobre remunerações ou a experiência do candidato a emprego em termos de mês e ano.

Comparação de um grupo a partir de um perfil de candidato (e vice-versa). A comparabilidade total entre um perfil de concorrente e um conjunto de responsabilidades de trabalho é então determinada como a normal das semelhanças de grupo. A comparabilidade do grupo depende das similitudes das ideias semanticamente relacionadas de um conjunto de responsabilidades profissionais e de um perfil candidato. A comparabilidade ordenada entre duas ideias ou o domínio é controlada pela separação entre elas, que reflecte as suas situações individuais no sistema progressivo de ideias.

Em seguida, a separação entre duas ideias dadas por ordem, por exemplo, Programador Java e Programador de Software, indica o caminho de uma ideia para a seguinte em relação ao pai básico mais próximo, ou seja, o sector das TI. "(d(Java, C#)> d(Java, PureObjectOrientedLanguages)). "

Os contrastes semânticos entre as ideias de nível superior são maiores do que entre as ideias da cadeia inferior de níveis de importância mostrada na Fig:1.1 (no total, duas ideias gerais como artigo situado

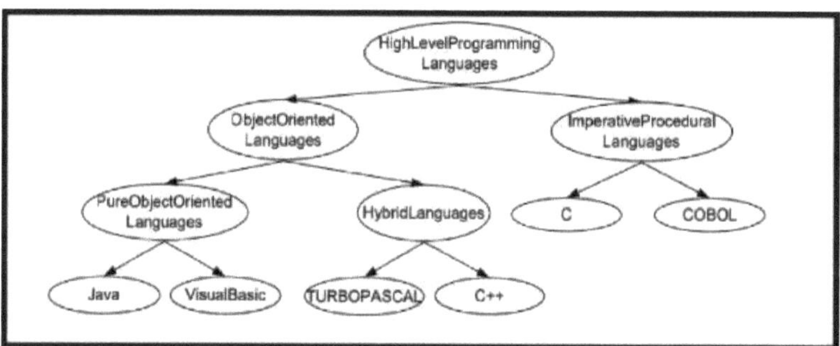

Figura 6.22 Hierarquia de competências

Os dialectos de programação e os dialectos de programação procedimental objetiva são menos comparáveis do que dois particulares como C# e Java) e a separação entre parentes é mais proeminente do que a separação entre pais e filhos.

Uma vez que também damos a possibilidade de indicar os níveis de capacidade (por exemplo, mestre ou iniciante) nos perfis dos candidatos, tal como nos anúncios de emprego, contrastamos estes níveis com a descoberta da melhor correspondência. Para além disso, a nossa metodologia oferece ainda aos chefes a possibilidade de determinar a importância de várias necessidades de emprego. Com a ontologia, podemos aplicar os tipos de coordenação semântica criados para analisar as necessidades caracterizadas dentro de uma oportunidade de emprego com as representações de candidatos a emprego (e outro caminho em torno de contrastar os perfis dos candidatos e os conjuntos de responsabilidades). Os efeitos posteriores das correlações são apresentados como uma lista posicionada onde cada perfil de candidato pode ser visto de forma independente e considerado em pormenor.

Capítulo 7

Limitações

44

A normalização da conceção da ontologia e do conjunto de relações entre diferentes entidades é necessária para optar por uma abordagem de ontologia híbrida. Isto significa que a utilização direta dos dados da Web semântica utilizados como base para a recuperação de informação baseada no contexto é uma questão importante a abordar. É obrigatório que todos os dados da Web semântica sigam a mesma estrutura para cada domínio de informação.

Capítulo 8

Conclusão e trabalho futuro

46

A Web Semântica é referida como uma extensão da Web atual em que é atribuído um significado bem definido à informação.

Na investigação proposta, é desenvolvida uma ontologia de "Pesquisa de emprego" que especifica as diferentes informações sobre a área de especialização, a cidade, o emprego, a língua e a plataforma. Diferentes empregadores criam diferentes anúncios de emprego para as vagas de emprego. Poderão encontrar os dados biográficos do candidato a emprego através desta interface. O candidato a emprego procurará o emprego através desta interface e a sua consulta será executada através da interface PHP e efetivamente executada em vários sítios web como monster.com, naukri.com e todas as informações sobre o emprego correspondentes serão recuperadas e fornecidas ao candidato a emprego numa plataforma comum desta ontologia.

□   Uma única consulta é executada numa base de dados descentralizada (importando várias ontologias).

□   Observa-se a possibilidade de reutilização de ontologias existentes que seguem a mesma estrutura.

□   Utilizando a minha interface ontológica para diferentes domínios de procura de emprego, como Naukri.com, Monster.com e outros, são combinados para permitir a procura de emprego em várias plataformas através de uma única interface.

□   Obter várias requisições de emprego de diferentes domínios corresponde agora a analisar os resultados gerados através da execução de uma única consulta.

Referências

[1]   H. a. H. F. v. Stuckenschmidt, "Information Sharing on the Semantic Web," *Springer, Berlim* .

[2]   C. B. H. M. O. T. Eckstein, "The Impact of Semantic Web Technologies on Job Recruitment Processes", *Springer,* pp. 1367-1381, 2005.

[3]   "Web_para_Semântica_da_Web_e_o_papel_da_Ontologia_no_seu_desenvolvimento," [Em linha].

[4]   P. R. Agarwal, "Semantic Web in Comparison to Web 2.0," na *Terceira Conferência Internacional sobre Modelação e Simulação de Sistemas Inteligentes*, 2012.

[5]   C.-H. Y. C.-K. S. M.-F. T. Sheng-Wei Huang1, "Processamento eficiente e escalável de consultas SPARQL com

Transformed Table": IEEE Wireless Communications and Networking Conference (WCNC) - Workshop - Next Generation WiFi Technology," in *Efficient and Scalable SPARQL Query Processing with Transformed Table": IEEE Wireless Communications and Networking Conference (WCNC) - Workshop - Next Generation WiFi Technology* , 2015, 2015.

[6]   M. F. Sisay Chala, "Job seeker to vacancy matching using social network analysis," in *IEEE International Conference on Industrial Technology (ICIT)*, 2017.

[7]   F. A. a. M. F. S. Chala, "A framework for enriching job vacancies and job descriptions through bidirectional matching," in *12th International Confer-ence on Web Information Systems and Technologies, SCITEPRESS Digital Library (Publicações de Ciência e Tecnologia, Lda)*, 2016.

[8]   V. G. F. L. Paolo Montuschi, "Job Recruitment and Job Seeking Processes: How Technology Can Help", *IEEE.*

[9]   B. A. O. Alaba T. Owoseni Olatunbosun Olabode, "E-recrutamento melhorado utilizando a recuperação semântica de documentos serializados modelados", *I.J. Mathematical Sciences and Computing,* pp. 1-16, 2017.

[10] A. S. V. Aliva M Pradhan, "Extração de meta-conhecimento baseada em ontologias com ferramentas da Web Semântica para computação ubíqua," 2016.

[11] H. W. L. N. Malgorzata Mochol, "Improving the recruitment process through ontology-based querying", ceur-ws.org.

[12] G. S. Vijay Rana, "MBSOM: Uma técnica de correspondência de ontologias semânticas baseada em agentes", na *1.ª Conferência Internacional sobre tendências futuristas em análise computacional e gestão do conhecimento (ABLAZE-2015)*, 2015.

[13] M. Guedj, "Levelized Taxony Approach for the Job Seking/Recruitment Problem," in *IEEE International Conference on Computational Science and Engineering, CSE,* 20016.

[14] G. -D. Liao, M.-Z. You e G.-C. Wang, "Experimental Economic Research for Matching Job Positions", na *Conferência Internacional sobre Comportamento, Computação Económica e Social (BESC)*, 2015.

[15] Y. Y. C. L. Z. Z. Weidong Hao1, "QoS-aware Scheduling Algorithm Based on Complete Matching of User Jobs and Grid Services," in *IEEE Asia-Pacific Conference on Services Computing (APSCC'06)*, 2006.

[16] 2. K. 3. B. 4. G. 5. E. 6. u. M. C. A. Duygu Çelik, "Towards an Information Extraction System based on Ontology to Match Résumés and Jobs," in *IEEE 37th Annual Computer Software and Applications Conference Workshops,2013*, 2013.

[17] B. Z. Hexin Lv, "Skill-Ontology based Semantic Model and its Matching Algorithm," in *7th International Conference on Computer-Aided Industrial Design and Conceptual Design, IEEE Explore*, 2006.

[18] R. a. J. P. V. G. F. L. A. S. a. C. D. Using Tag Clouds to Support the Comparison of Qualifications, "Using

tag clouds to support the comparison of qualifications, Résumés and job profiles," in *ICETA-9th IEEE International Conference on Emerging eLearning Technologies and Application*, 2011.

[19] S. K. K. L. Nabeel Ahmed, "Job Description Ontology," in *2016 International Conference on Frontiers of Information Technology (FIT)*, 2016.

[20] S. A. W. B. a. Karaa, "Web-based recruiting Framework for CV structuring," in *IEEE Xplore* https://www.researchgate.net/publication/224178254, 2010.

[21] U. M. U. B. Kumar Sharma, "Efficient Provenance Storage for RDF Dataset in Semantic Web Environment," in *14th International Conference on Information Technology*, 2014.

[22] P. S. a. S. N. Vasudha Sarda À, "Relevance Ranking Algorithm for Job Portals," *International Journal of Current Engineering and Technology*.

[23] "https://www.php.net/," [Online].

[24] "https://www.tutorialspoint.com/php," [Online].

[25] "https://www.w3schools.com/php," [Online].

[26] D. Fensel, "Ontologies - A Silver Bullet for Knowledge Management and Electronic", *Springer,* 2001.

[27] H. a. H. F. v. Stuckenschmidt, "Information Sharing on the Semantic", *Springer.*

[28] J. Empfohlene Zitierung e Krause, "Semantic heterogeneity:comparing new semantic web approaches with those of digital libraries", 2008.

[29] O. H. R. F. E. K. M. M. W. (. Hartig, "The SPARQL Query Graph Model for Query Optimization. In", *Springer, Heidelberg,* 2001.

[30] M. S. A. B. A. K. C. R. D. Stocker, "SPARQL basic graph pattern optimization using selectivity estimation.", in *Proceeding of the 17th International Conference on World Wide Web, pp. 595-604. ACM* , 2008.

[31] G. T. T. Ladwig, "Linked Data Query Processing Strategies," *Springer, Heidelberg,* vol. 6496, p. 453-469, 2010.

[32] B. K. a. P. S. K. Reddy, *Optimizing SPARQL queries over the Web of Linked Data,* 2010.

[33] A. H. P. H. K. S. R. S. M. Schwarte, "FedX: Otimização: Técnicas para o Processamento de Consultas Federadas em Dados Ligados". Em: Aroyo, L., et al," *Springer, Heidelberg ,* vol. 7031, p. 601-616, 2011.

[34] T. T. a. H. C. D. X. Wang, "Evaluating Graph Traversal Algorithms for Distributed SPARQL Query Optimization", *Springer, Heidelberg,* vol. 7185, p. 210-225, 2012.

[35] O. B. C. F. J. Hartig, "Executing SPARQL queries over the web of linked data," *Springer, Heidelberg ,* vol. 5823, p. 293-309, 2009.

[36] E. P. a. A. Seaborne, "SPARQL query language for RDF," 2008.

[37] P. R. S. a. L. V. Raval Shruti, "SPARQL Query Optimization categories," *International Journal of Application or Innovation in Engineering & Management (IJAIEM),* vol. 2, no. 12, 2013.

[38] A. M. Drashty R. Dadhaniya, "Um artigo de pesquisa sobre diferentes técnicas de otimização de consultas SPARQL", *A Multidisciplinary Journal of Scientific Research & Education,* 2016.

[39] G. S. E. S. P. Tanvi Chawla, "Uma abordagem do caminho mais curto para a otimização de consultas em cadeia SPARQL", *IEEE,* 2017.

[40] A. S. P. A. t. S. C. Q. Otimização, "IEEE," in *IEEE International Congress on Big Data*, 2013.

[41] B. K. a. S. Sharma, "A Comparative Study Ontology Building Tools for Semantic Web Applications," *International journal of Web & Semantic Technology (IJWesT),* vol. 1, p. 3, 2010.

[42] S. H. M. F. Sisay Chala, "Extração de conhecimento a partir de vagas online para uma correspondência eficaz de empregos", em *IEEE 30th Canadian Conference on Electrical and Computer Engineering (CCECE),*

2017.

[43] B. Q. a. U. Leser, "Querying Distributed RDF Data Sources with SPARQL," *Springer-Verlag Berlin,* p. 524538, 2008.

[44] S. C. a. M. Fathi, "Job seeker to vacancy matching using social network analysis," in *18th Annual International Conference on Industrial Technology, IEEE, 2017.* , 2017.

[45] E. P. a. A. Seaborne, "Sparql query language for rdf," http: //www.w3.org/TR/rdf-sparql-query, 2008. [Online].

[46] M. Guedj, "Levelized Taxonomy Approach for The Job Seeking/Recruitment Problem," na *Conferência Internacional do IEEE sobre Ciência e Engenharia Computacional, Conferência Internacional do IEEE sobre Embarcados,* 2016.

[47] K. S.K.Aparnaa, "Um Algoritmo de Escalonamento de Trabalhos com Pontuação Adaptativa Melhorada para Minimizar Falhas de Trabalhos em Redes de Grades Heterogéneas", na *Conferência Internacional sobre Tendências Recentes em Tecnologias de Informação,* 2014.

[48] E. Simperi, "Practical Guidelines for Building Semantic eRecruitment Applications," In, www.researchgate.net/publication/228610902.

[49] J. P. C. M. S.-M. Tim Bray, "Extensible markup language (XML) 1.0", *Indian Journal of Science and Technology,* vol. 9, 2016.

[50] J. Empfohlene Zitierung / Suggested Citation:Krause, "Semantic heterogeneity:comparing new semantic web approaches with those of digital libraries," 2008.

[51] D. P. R. S. Hina H Soni, "Estudo do sistema de e-recrutamento baseado na Web semântica: Revisão", *Jornal Internacional de Pesquisa Avançada em Ciência da Computação,* 2017.

[52] B. M. E. W. Vandervalk, "Otimização de consultas SPARQL distribuídas utilizando o algoritmo de Edmonds e o algoritmo de Prim", *12.ª Conferência Internacional do IEEE sobre Ciência e Engenharia Computacionais,* 2009.

[53] B. H. C. L. F. M. A. R. R. V. S. ,. B. S. E. T. T. Z. Johannes Bussel, "Actually, What Does actually Ontology Mean?", *CIT - Journal of Computing and Information Technology.*

[54] A. A. J. V. A. Chakkarwar, "Semantic Web Mining using RDF Data," *International Journal of Computer Applications,* vol. 133, no. 10, 2016.

[55] I. F.-S. Harmelen, "Journal of Web Semantics," *ELSEVIER, Science Diret,* vol. 1, no. 1, pp. 7-26, 2003.

yes I want morebooks!

Buy your books fast and straightforward online - at one of world's fastest growing online book stores! Environmentally sound due to Print-on-Demand technologies.

Buy your books online at
www.morebooks.shop

Compre os seus livros mais rápido e diretamente na internet, em uma das livrarias on-line com o maior crescimento no mundo! Produção que protege o meio ambiente através das tecnologias de impressão sob demanda.

Compre os seus livros on-line em
www.morebooks.shop

info@omniscriptum.com
www.omniscriptum.com

Printed by Books on Demand GmbH, Norderstedt / Germany